Paso a paso

La historia de la leche

Todo comienza con césped

Stacy Taus-Bolstad

ediciones Lerner ◆ Mineápolis

ediciones Lerner
Una división de Lerner Publishing Group, Inc.
241 First Avenue North
Mineápolis, MN 55401, EE. UU.

Si desea averiguar acerca de niveles de lectura y para obtener más información, favor consultar este título en www.lernerbooks.com.

Créditos de las imágenes: Créditos de las imágenes: Image Source/DigitalVision/Getty Images, p. 3; Xuanyu Han/Moment/Getty Images, pp. 5, 23 (vaca); smereka/Shutterstock.com, p. 7; Mint Images/Getty Images, pp. 9, 23 (granjero); andhal/iStock/Getty Images, pp. 11, 23 (tanque); kozmoat98/iStock/Getty Images, pp. 13, 23 (camión); Trinity Muller/Independent Picture Service, p. 15; Itsanan/Shutterstock.com, p. 17; Todd Strand/Independent Picture Service, p. 19; Ariel Skelley/DigitalVision/Getty Images, p. 21; skynesher/E+/Getty Images, p. 22. Portada Alter_photo/iStock/Getty Images (leche); SunnyGraph/iStock/Getty Images (pasto).

Fuente del texto del cuerpo principal: Mikado Medium.
Fuente proporcionada por HVD Fonts.

Library of Congress Cataloging-in-Publication Data

Names: Taus-Bolstad, Stacy, author.
Title: La historia de la leche : todo comienza con césped / Stacy Taus-Bolstad.
Other titles: Story of milk. Spanish
Description: Minneapolis : ediciones Lerner, [2022] | Series: Paso a paso | Includes bibliographical references and index. | Audience: Ages 4-8 | Audience: Grades K-1 | Summary: "What's the first step in making milk? It starts with a cow eating grass. Learn about all of the steps in the process of making milk, from start to finish. Now in Spanish!"— Provided by publisher.
Identifiers: LCCN 2021019093 (print) | LCCN 2021019094 (ebook) | ISBN 9781728441962 (library binding) | ISBN 9781728447780 (paperback) | ISBN 9781728444048 (ebook)
Subjects: LCSH: Milk—Juvenile literature. | Dairy cattle—Juvenile literature. | Dairying—Juvenile literature.
Classification: LCC SF239.5 .T38518 2021 (print) | LCC SF239.5 (ebook) | DDC 636.2/142—dc23

LC record available at https://lccn.loc.gov/2021019093
LC ebook record available at https://lccn.loc.gov/2021019094

Fabricado en los Estados Unidos de América
1-49951-49794-6/14/2021

La leche me ayuda a crecer.

¿De dónde viene?

Una vaca come
el césped.

La vaca
produce leche.

Una granjera
ordeña la vaca.

Un tanque enfría la leche.

Un camión
lleva la leche.

Las máquinas
limpian la leche.

La leche se calienta.

Las máquinas colocan
la leche en jarras.

La gente compra la leche.

¡Qué rica!
¡Leche fría!

Glosario con imágenes

camión

granjera

tanque

vaca

Otros títulos

Heos, Bridget. *From Milk to Cheese*. Mankato, MN: Amicus, 2018.

Koestler-Grack, Rachel A. *Grass to Milk*. Minneapolis: Bellwether Media, 2020.

McMullen, Gemma. *Milk and Dairy Products*. New York: AV2 by Weigl, 2017.

Índice